¡Mira allí!
¡Guepardos!

1

MARAVILLAS ANIMALES  01

LOS GUEPARDOS

KATE RIGGS

CREATIVE EDUCATION | CREATIVE PAPERBACKS

índice

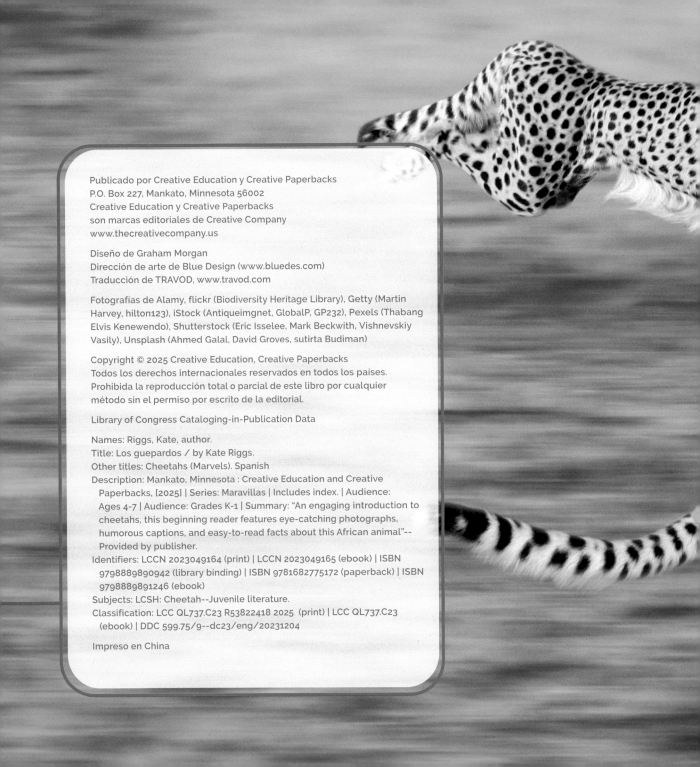

Publicado por Creative Education y Creative Paperbacks
P.O. Box 227, Mankato, Minnesota 56002
Creative Education y Creative Paperbacks
son marcas editoriales de Creative Company
www.thecreativecompany.us

Diseño de Graham Morgan
Dirección de arte de Blue Design (www.bluedes.com)
Traducción de TRAVOD, www.travod.com

Fotografías de Alamy, flickr (Biodiversity Heritage Library), Getty (Martin
Harvey, hilton123), iStock (Antiqueimgnet, GlobalP, GP232), Pexels (Thabang
Elvis Kenewendo), Shutterstock (Eric Isselee, Mark Beckwith, Vishnevskiy
Vasily), Unsplash (Ahmed Galal, David Groves, sutirta Budiman)

Library of Congress Cataloging-in-Publication Data

Names: Riggs, Kate, author.
Title: Los guepardos / by Kate Riggs.
Other titles: Cheetahs (Marvels). Spanish
Description: Mankato, Minnesota : Creative Education and Creative
    Paperbacks, [2025] | Series: Maravillas | Includes index. | Audience:
    Ages 4-7 | Audience: Grades K-1 | Summary: "An engaging introduction to
    cheetahs, this beginning reader features eye-catching photographs,
    humorous captions, and easy-to-read facts about this African animal"--
    Provided by publisher.
Identifiers: LCCN 2023049164 (print) | LCCN 2023049165 (ebook) | ISBN
    9798889890942 (library binding) | ISBN 9781682775172 (paperback) | ISBN
    9798889891246 (ebook)
Subjects: LCSH: Cheetah--Juvenile literature.
Classification: LCC QL737.C23 R53822418 2025 (print) | LCC QL737.C23
    (ebook) | DDC 599.75/9--dc23/eng/20231204

Impreso en China

Los guepardos son felinos veloces. Viven en África e Irán.

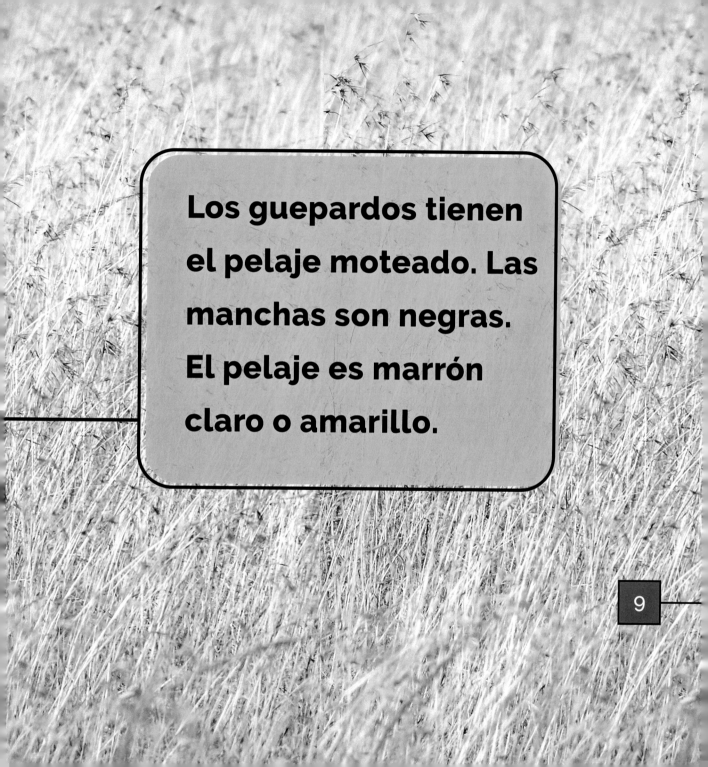

Los guepardos tienen el pelaje moteado. Las manchas son negras. El pelaje es marrón claro o amarillo.

Los guepardos tienen
líneas de lágrimas en
el rostro. Tienen colas
largas.

11

Los guepardos comen carne. Cazan antílopes. A veces, comen liebres.

¿A MÍ?

14

LA MAYORÍA DE LOS GUEPARDOS ADULTOS VIVEN EN GRUPOS.

Una cría de guepardo se llama cachorro. Los cachorros viven con la madre.

15

A los cachorros les gusta jugar. Los guepardos adultos buscan la comida. Descansan cuando hace mucho calor para cazar.

17

[Imagina un guepardo]

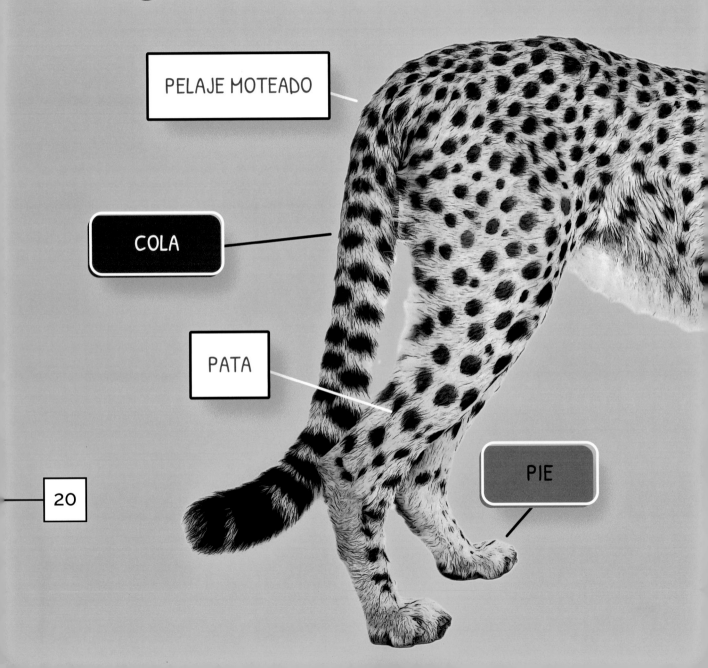

PELAJE MOTEADO

COLA

PATA

PIE

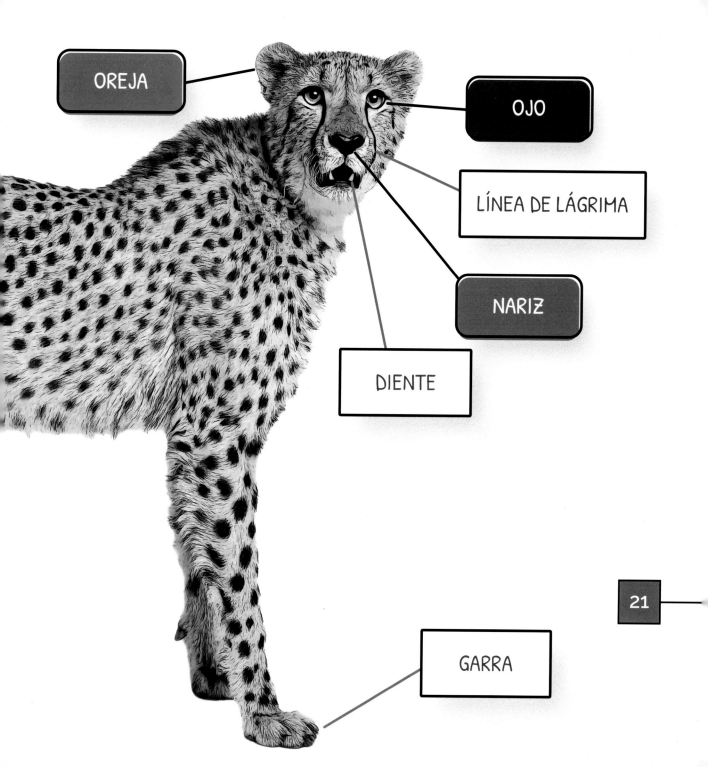

OREJA

OJO

LÍNEA DE LÁGRIMA

NARIZ

DIENTE

GARRA

PALABRAS QUE DEBES CONOCER

África: la segunda masa continental más grande del mundo

Irán: un país en el oeste de Asia

liebre: un animal parecido al conejo

línea de lágrima: una marca negra en el pelaje del rostro del guepardo

ÍNDICE ALFABÉTICO